献给那些持续激励着此书创作的蝴蝶保护区和国家公园。
感谢上海师范大学副教授汤亮博士对本书中文版的科学审订。

本书插图系原文插图

WHAT'S INSIDE A CATERPILLAR COCOON?
Copyright © 2023 by Rachel Ignotofsky
This translation published by arrangement with Random House Children's Books,
a division of Penguin Random House LLC
Simplified Chinese translation copyright © 2024 by Beijing Dandelion Children's Book House Co., Ltd.
ALL RIGHTS RESERVED

版权合同登记号 图字：22-2023-130

审图号　GS京（2024）0410号

图书在版编目（CIP）数据

蛹的里面有什么？ ／（美）瑞秋·伊格诺托夫斯基著；
王子丹译. -- 贵阳：贵州人民出版社，2024.6
ISBN 978-7-221-18368-2

Ⅰ. ①蛹… Ⅱ. ①瑞… ②王… Ⅲ. ①蝶—儿童读物
②蛾—儿童读物 Ⅳ. ①Q964-49

中国国家版本馆CIP数据核字(2024)第110021号

YONG DE LIMIAN YOU SHENME?

蛹的里面有什么？

［美］瑞秋·伊格诺托夫斯基　著　王子丹　译

出 版 人　朱文迅
策　　划　蒲公英童书馆
责任编辑　颜小鹏　执行编辑　陈　晨
装帧设计　王艳霞　曾　念
责任印制　郑海鸥

出版发行　贵州出版集团　贵州人民出版社
地　　址　贵阳市观山湖区中天会展城会展东路SOHO公寓A座（010-85805785　编辑部）
印　　刷　北京博海升彩色印刷有限公司（010-60594509）
版　　次　2024年6月第1版
印　　次　2024年6月第1次印刷
开　　本　965毫米×1150毫米　1/16
印　　张　3
字　　数　30千字
书　　号　ISBN 978-7-221-18368-2
定　　价　48.00元

蛹的里面有什么？

[美]瑞秋·伊格诺托夫斯基　著　王子丹　译

贵州出版集团　贵州人民出版社

蝴蝶在阳光下飞舞。

金紫灰蝶

安达曼锤尾凤蝶

褐小灰蝶

孔雀蛱蝶

绿袖蝶

星灯蛾

高雅新大蚕蛾

蛾更愿意
在月光和星光下
起舞。

豹灯蛾

伊莎贝拉大蚕蛾

潘多拉
优天蛾

橙带蓝尺蛾

柳毒蛾

从恐龙时代起，蝴蝶和蛾就飞舞在地球上了！

已经灭绝的
珀耳塞福涅古蛱蝶

剑龙_*

除了南极洲，地球上每一个大洲上
都有它们飞舞的身影。

它们有的很大！

亚历山大鸟翼凤蝶

翅展约为 25 厘米

赫尔克里斯大蚕蛾

翅展约为
27 厘米

玛雅微蛾

翅展约为 2.5 毫米

有的很小！

褐小灰蝶

翅展约为 20 毫米

它们还有一个共同点，
在会飞之前，
都曾是——

没有翅膀的，

扭来扭去的，

毛毛虫！

这期间发生的变化，
奇异而神秘。

这些小东西是怎么
长出翅膀的呢？

蝴蝶和蛾的一生，都可以分为四个不同的阶段。

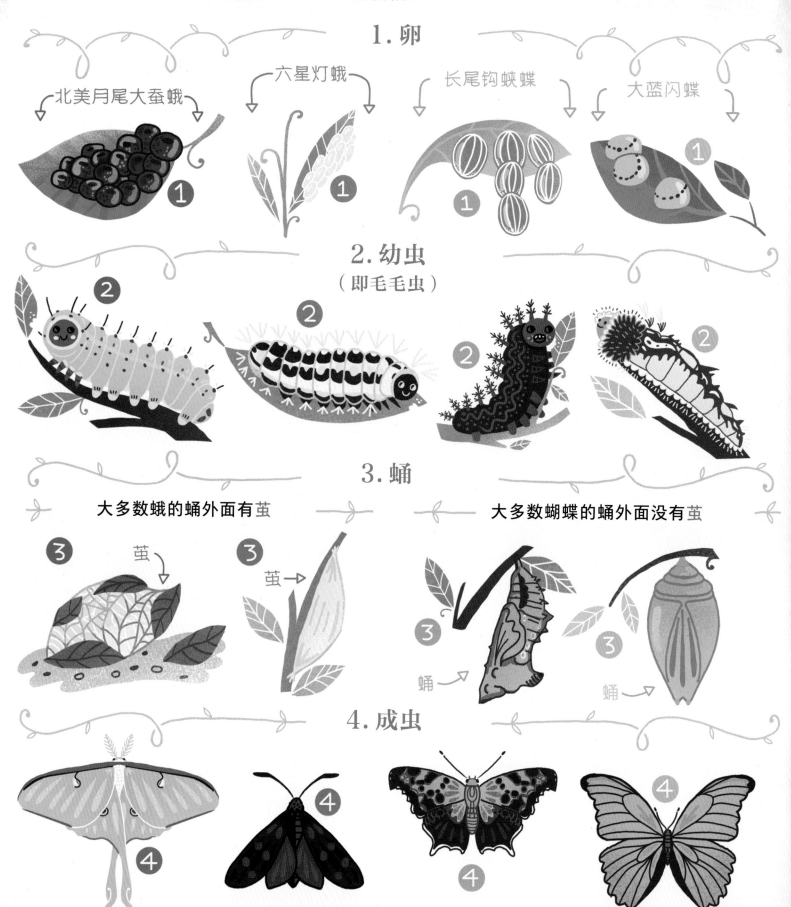

1. 卵

北美月尾大蚕蛾　六星灯蛾　长尾钩蛱蝶　大蓝闪蝶

2. 幼虫
（即毛毛虫）

3. 蛹

大多数蛾的蛹外面有茧　　　　**大多数蝴蝶的蛹外面没有茧**

茧　茧→　蛹→　蛹→

4. 成虫

从一颗卵变成一只成虫的过程，在生物学上叫作变态发育。

但是毛毛虫
为什么要变身呢？

为什么这些昆虫
很重要？

在蛹的里面，
到底发生了什么？

科学
将帮助我们解答
这些问题！

② 毛毛虫

③ 蛹
外壳叫作"茧"

④ 成虫
蛾

① 卵

让我们凑近瞧瞧，就从树叶上的
一颗卵开始吧。

嘎吱！嘎吱！
小毛毛虫咬破卵壳爬出来，
回头还吃掉了卵壳。

好饿啊！

卵

好吃！

毛毛虫——

寄主植物——

毛毛虫也叫作
"幼虫"哦。

毛毛虫是在
寄主植物上孵化的。

这棵植物的叶子，就成了毛毛虫的第一顿完美大餐！

毛毛虫越长越大，
它的外皮却不会和身体一同生长。

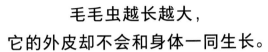

用力嚼

通过丝垫粘
在树叶上

旧外皮

新外皮

当它的外皮再也装不下它的身体时，
旧的外皮就会破裂、脱落。

这个过程叫作蜕皮。

多数毛毛虫总共会
经历五次蜕皮。

有些毛毛虫蜕皮后会改变颜色，
换上不一样的"衣服"！

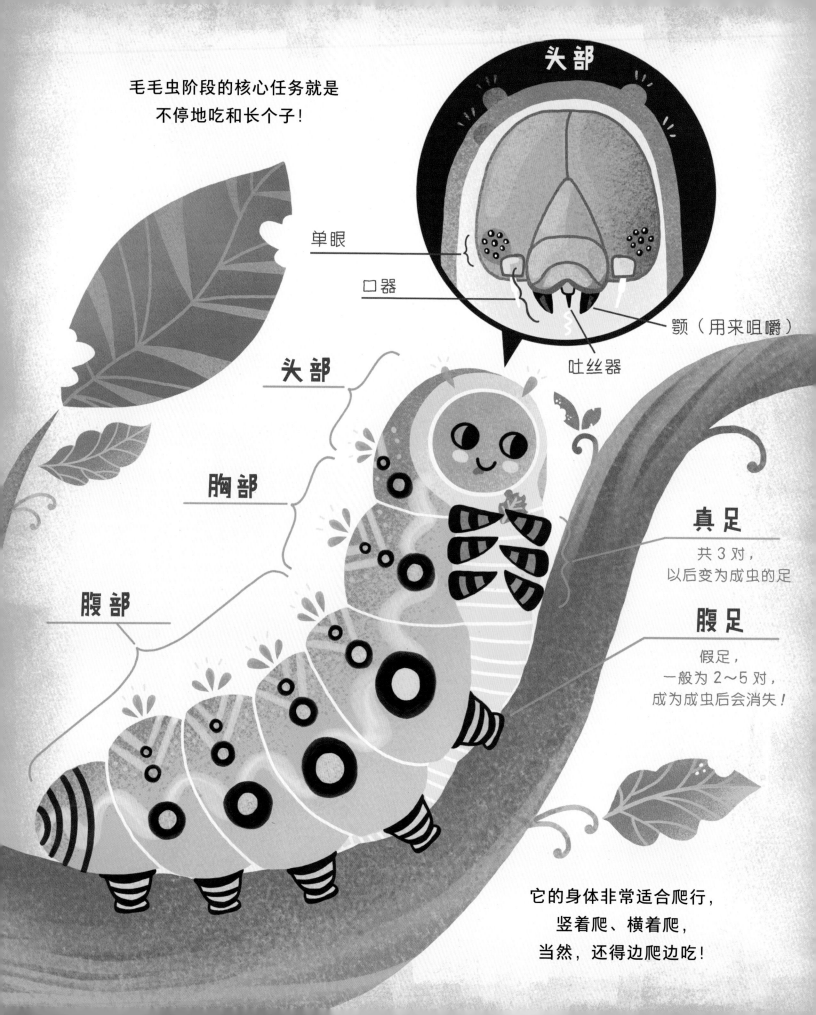

毛毛虫阶段的核心任务就是
不停地吃和长个子！

头部

单眼

口器

颚（用来咀嚼）

吐丝器

头部

胸部

腹部

真足
共 3 对，
以后变为成虫的足

腹足
假足，
一般为 2～5 对，
成为成虫后会消失！

它的身体非常适合爬行，
竖着爬、横着爬，
当然，还得边爬边吃！

黑带二尾
舟蛾的幼虫

美丽仙虎
蛾的幼虫

链斑尺蛾的幼虫

鞍背刺蛾的幼虫→

伊莎贝拉虎灯蛾的幼虫

银月豹凤蝶的幼虫

北美黑凤蝶的幼虫

雅各贝米砂灯蛾的幼虫

和它们将会
变成的蝴蝶或蛾一样，
毛毛虫的模样也是
千姿百态的。

美洲葡萄叶
斑蛾的幼虫→

翼条袖蝶的幼虫

胡桃角蛾的幼虫→

刻克罗普斯蚕蛾的幼虫

北美绿刺蛾幼虫↑

毛毛虫的世界充满了危险！

一只肉乎乎的毛毛虫，
对很多动物来说都是难得的美味。

美味！

哎呀！

美味！

美味！

鸟、蜥蜴、蜘蛛和胡蜂
都是毛毛虫的天敌，
它们都很想把毛毛虫
当成一顿午餐！

毛毛虫们该怎么化险为夷呢？

有的毛毛虫会利用保护色
把自己隐藏起来。

紫闪蛱蝶的幼虫

桦尺蛾的幼虫

矛翠蛱蝶的幼虫

有的毛毛虫身上长满了尖刺。

美洲剑纹夜蛾的幼虫

走开！

有的毛毛虫身上布满了图案，
以此来告诫敌人——它们是有毒的！

君主斑蝶的幼虫

有的毛毛虫能释放出
难闻的气味。

柑橘凤蝶的幼虫

红天蛾的幼虫

有的毛毛虫
会用些小把戏让
自己看起来很吓人！

眼斑

我是
一条蛇！

还有的毛毛虫遇到危险时
会用"蹦极"的方式逃跑——
用吐出的丝把自己荡到
安全的地方！

多棱鳄蛇蜥

消失！

蹦！

拜拜！

尺蛾的幼虫
（也叫尺蠖）

蝴蝶的蛹

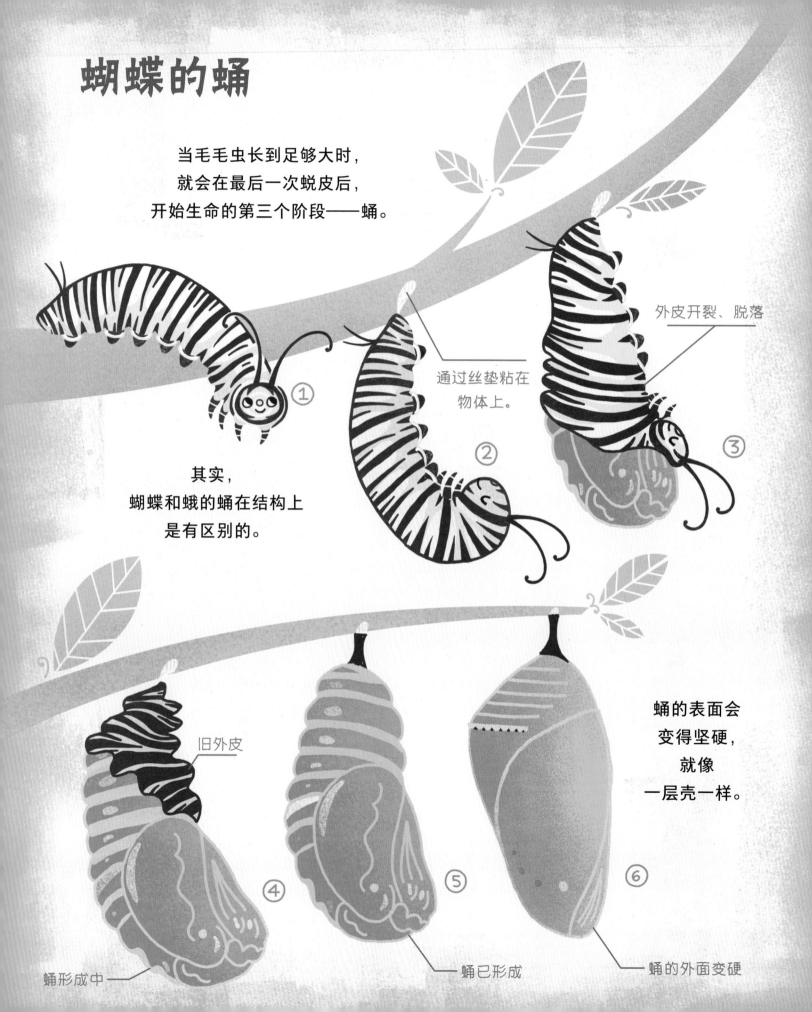

当毛毛虫长到足够大时，
就会在最后一次蜕皮后，
开始生命的第三个阶段——蛹。

①

其实，
蝴蝶和蛾的蛹在结构上
是有区别的。

通过丝垫粘在
物体上。

②

外皮开裂、脱落

③

旧外皮

④

蛹的表面会
变得坚硬，
就像
一层壳一样。

⑤

⑥

蛹形成中

蛹已形成

蛹的外面变硬

蛾的茧

大多数蛾的毛毛虫会吐出丝，
把自己包起来。

茧就像一个软软的口袋，
保护着里面脆弱的蛹。

丝

① ② ③

④

茧

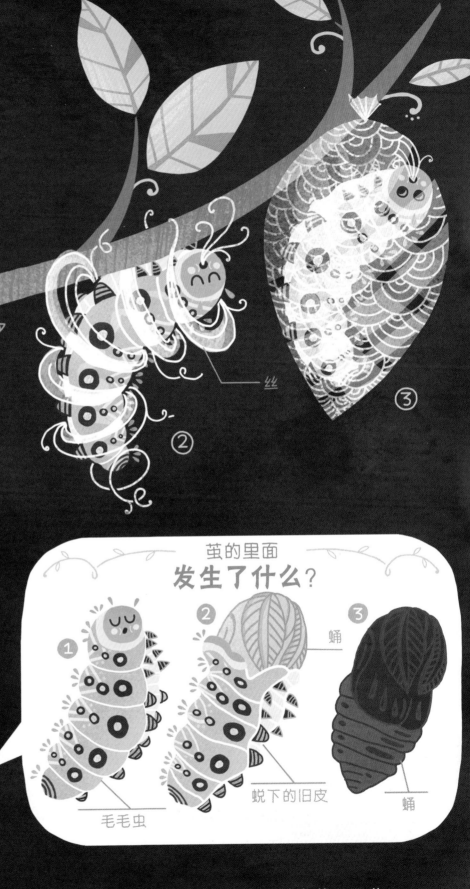

茧的里面
发生了什么？

① ② 蛹 ③

毛毛虫 蜕下的旧皮 蛹

这样，蛾的蛹就可以安全地待在茧里面啦。

蛹

同台比拼下吧！

蝴蝶的蛹

蓝边美灰蝶的蛹

翾蛱蝶的蛹

黄条袖蝶的蛹

幻紫斑蝶的蛹

襄缘蛱蝶的蛹

君主斑蝶的蛹

菲罗豆粉蝶的蛹

蛾的蛹

蓑蛾的蛹

家蚕蛾的蛹

透目大蚕蛾的蛹

波吕斐摩斯柞蚕蛾的蛹

尾蛾的蛹

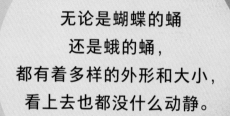

无论是蝴蝶的蛹
还是蛾的蛹，
都有着多样的外形和大小，
看上去也都没什么动静。

有些蛾的蛹是在地
下形成的。

鬼脸天蛾的蛹

其实，每一个蛹的里面，
都在上演着奇妙的变化！

之前的身体逐渐变得像浓汁一样。

一个崭新的身体出现了，
它有翅膀、大大的眼睛，和完全不同的口器。

哇!

现在,
从卵到成虫的
"变态"过程结束了!

蝶蛹

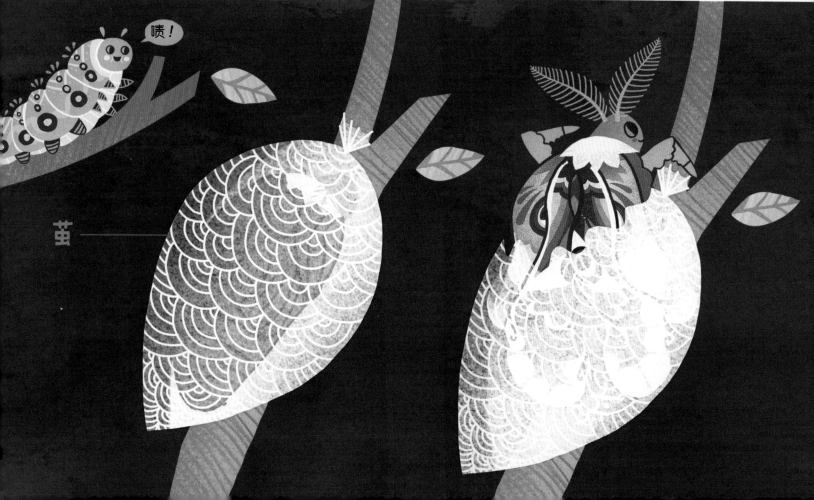

啧!

茧

蝴蝶

蝴蝶和蛾需要时间把体液输送到
皱巴巴的翅膀中，
好让它们变得舒展而结实。

现在，它们做好
飞的准备了！

蛾

蝴蝶的身体构造

触角
（棒状或锤状）

复眼

头部

翅膀

前翅

后翅

胸部

腹部

三对足

在蝴蝶生命的最后阶段，
飞舞和美丽是生活的核心。

 大多数蝴蝶在
白天活动。

 它们休
息的时候
通常会合上
翅膀。

 很多种类的蝴蝶都有
鲜艳的颜色。

 它们的身体大多
纤细而光滑。

蛾的身体构造

复眼

触角
（羽状或者丝状等）

翅膀
前翅
后翅

头部

胸部

腹部

三对足

蛾在空中飞舞的时候，
令人目眩，也令人着迷。

有些种类的蛾在白天
活动，但是大多数都是
夜晚才出来。

它们休息
的时候，翅
膀一般是张开的，
但前后翅会叠起来。

虽然有些蛾颜色艳丽，
但大多数的颜色都比较柔和。

它们的
身体相对更粗，
并且毛茸茸的，有
利于在夜晚保持体温。

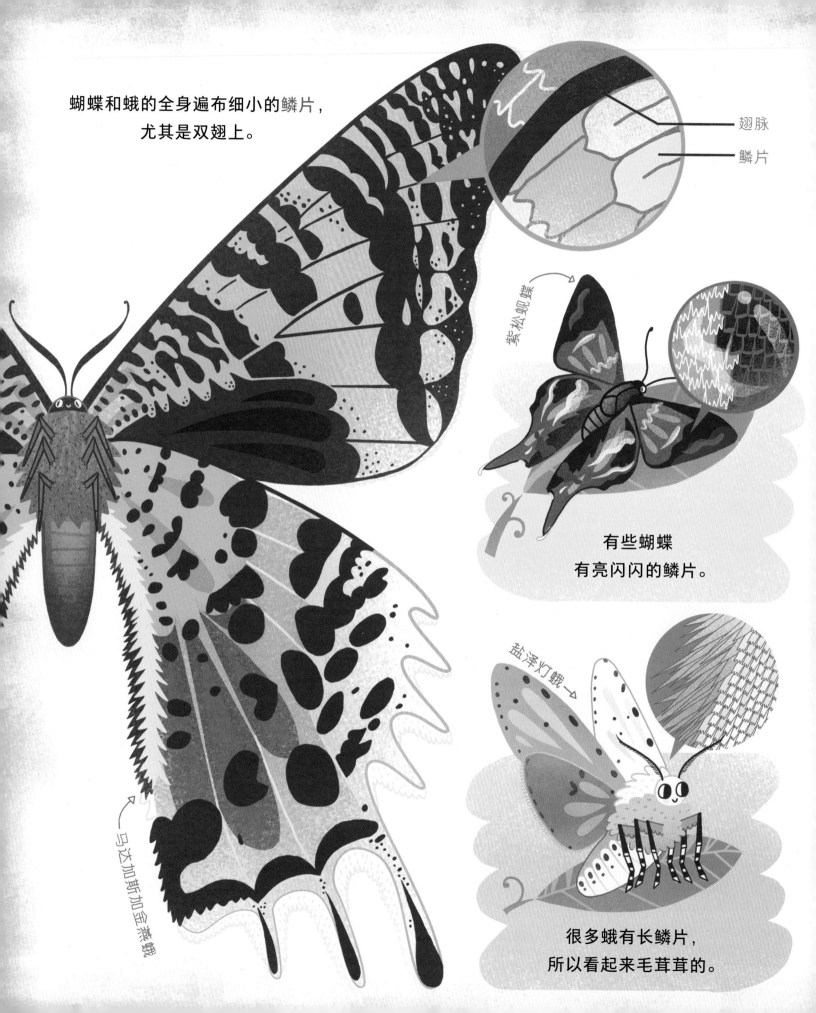

蝴蝶和蛾的全身遍布细小的鳞片，
尤其是双翅上。

翅脉

鳞片

紫松蚬蝶

有些蝴蝶
有亮闪闪的鳞片。

马达加斯加金燕蛾

盐泽灯蛾

很多蛾有长鳞片，
所以看起来毛茸茸的。

鳞片让它们的翅膀有了颜色和图案。
如果没有鳞片，蝴蝶和蛾的翅膀会是透明的。

红天蛾

白纹筈灯蛾

小天使翠凤蝶

焰色端蛱蝶

金带喙凤蝶

翅膀上的图案可以吓跑捕食者，
或者将自己更好地隐藏起来。

波吕斐摩斯柞蚕蛾

枯叶蛱蝶

美洲蓝凤蝶

眼斑看起来
像眼睛，
可以迷惑天敌。

鲜艳的
色彩是有毒
的警告。

伪装成叶子！

翅膀让蝴蝶可以在花园里飞舞，
也可以完成长途迁移。

为了躲避寒冬，
每年都有数不清的
君主斑蝶向南迁徙，
横跨北美大陆。

君主斑蝶的
迁徙路线

加拿大

美国

墨西哥

君主斑蝶迁徙路线示意图

↑
你可以看到它们
停在树上休息。

蝴蝶和蛾都能运用视觉、嗅觉和味觉来确定方向。

视觉

复眼让它们
拥有360度的
视野。

复眼由成千上万个
小眼组成。

它们还能看到紫外线，
而我们人类
是看不见的。

北美月尾大蚕蛾

嗅觉

触角可以在
几千米外发挥作用。

← 长尾钩蛱蝶

鬼脸天蛾

味觉

它们能用脚"品尝"，
来识别植物。

大多数蝴蝶的食物是花朵中的蜜。

花粉

花蜜

喙（可卷可伸）

虎凤蝶

它们的喙就像一根长长的、
卷曲的吸管，
非常适合吸取这些
甜甜的汁液。

夜晚，
有些种类的蛾
会在花朵中找吃的。

Y纹夜蛾

粉点虾壳天蛾

当这些昆虫飞到植物上的时候，
花粉会沾在它们身上。

等到它们去其他花上
采蜜的时候，
花粉就会掉落。

传粉者

哇！
花蜜！

花粉

菲罗
豆粉蝶

花粉

它们就是这样帮助花朵传粉的。

大多数植物要长出种子，
传粉是必不可少的。

澳洲坚果

胡萝卜

松果菊

很多植物都依赖一些昆虫作为传粉者
来帮助它们传粉，比如蝴蝶。

有些蝴蝶会喝泥坑中的水，
这样可以补充无法从花中获取的矿物质，
比如盐。

印度锯粉蝶

青凤蝶→

宽边黄粉蝶→

这种行为被
科学家称为
趋泥。

少数种类的蝴蝶只"喝"植物的汁液。

大蓝闪蝶

它们会吸食植物上的汁液
和腐烂的水果。

和蝴蝶不同，
蛾的食物种类非常多样。

喙
（可卷可伸）

小豆长喙天蛾

有些蛾像蝴蝶一样，
用喙来吸食。

小翅蛾

下颚

有些蛾会咀嚼植物，
甚至大口啃食。

有些种类的蛾
什么都不吃！

伊莎贝拉大蚕蛾

没有口器

高雅新大蚕蛾

玫瑰枥蚕蛾

这些蛾类仅仅依靠
幼虫阶段吃的食物来维持生命。

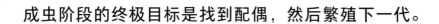

成虫阶段的终极目标是找到配偶，然后繁殖下一代。

这些在广阔的空间中飞来飞去的昆虫，
是用什么方法吸引同类的？

大多数蝴蝶和蛾依靠触觉就能
"闻"到几千米外的同类发出的气味。

信息素

刻克罗普斯蚕蛾→

蛾类那羽状的触角，
让它们即便在夜晚也不会错过彼此。

白纹大凤蝶

有些则通过在空中跳舞来吸引潜在的配偶。

紫闪蛱蝶，雄性

伊娥大蚕蛾，雄性

紫闪蛱蝶，雌性

有些会炫耀
它们闪闪发光的
鳞片或者亮丽的体色。

伊娥大蚕蛾，雌性

甚至有蛾类通过
"唱"出高音来
吸引同类。

小蜡螟

跳舞、唱歌、炫耀，
所有这些求爱方式都是为了未来
能产下虫卵！

交配后，雌性蝴蝶或蛾会
找到非常适合它们的寄主植物，
把卵产在上面。

卵

粘在植物上

寄主植物

虎凤蝶

冈尼桉

彗星尾大蚕蛾

大叶
醉鱼草

蔓锦葵

君主斑蝶

有些蝴蝶和蛾
可以产下几百颗卵!

灰色
燕灰蝶

马利筋

绣球达天蛾

绣球

从卵到成虫，
变态过程再次上演！

你现在知道了吧，
它们的每一个生命阶段
都有特别的目的。

卵

从卵中会孵化出幼虫
（俗称毛毛虫）。

毛毛虫

毛毛虫不停地吃，
不停地长！

蛹

毛毛虫经过蛹
这一阶段后，
变为成虫。

成虫

成虫在空中飞舞，
寻找合适的配偶，
然后雌性会产下卵。

生命的循环
永不停息！

现在我们也知道了，
为什么一只小小的、总是很饿的毛毛虫，
长大后对花朵是如此的重要。

蝴蝶能帮助花完成传粉，
这样花才能结出种子。

有些种类的蛾会在
夜晚帮植物传粉。

很多野花、树木
和农作物都离不开
昆虫传粉者。

然而，这些昆虫赖以生活的森林和原野正日益减少。

我们能做些什么来保护这些蛾和蝴蝶呢？

我们该怎么做？

让我们运用刚学的知识来保护生态环境吧！

我们可以建造自己的花园，
欢迎这些昆虫朋友来采蜜！

我们也可以用
知识和爱心来
保护大自然！

大大小小的生物，
对我们的星球来说
都很重要。